U0209249

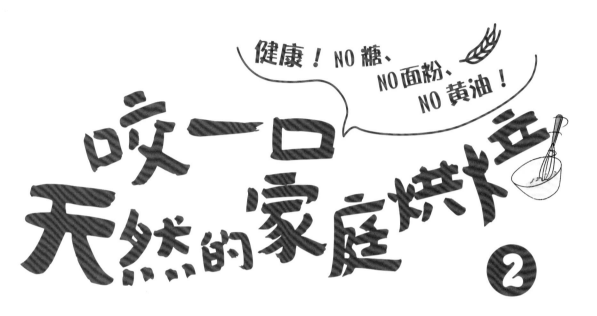

健康！NO 糖、NO 面粉、NO 黄油！

咬一口天然的家庭烘焙 ②

（韩）金廷玹 / 著

漫友文化 / 译

广东旅游出版社
GUANGDONG TRAVEL & TOURISM PRESS
悦读书·悦旅行·悦享人生

中国·广州

版权合同登记号 图字：19-2016-016号

Kyunghyang BP出版社的中国（香港、澳门、台湾地区除外）版权通过创河（上海）
商务信息咨询有限公司版权代理，正式许可漫友文化授权广东旅游出版社，在中国
（香港、澳门、台湾地区除外）独家出版发行中国中文简体版。非经书面同意，不得
以任何形式转载和使用。
Tarte Cake Muffin Pound Chocolate
By Kim Jung Hyun
Copyright © 2015 by Kim Jung Hyun
Original Korean edition published by Kyunghyang Media
Simplified Chinese copyright © 2016 by Guangzhou Comicfans Culture Technology
Co., Ltd
Simplified Chinese language edition arranged with Kyunghyang Media
through CREEK & RIVER KOREA Co., Ltd. and CREEK & RIVER SHANGHAI Co., Ltd.

图书在版编目（CIP）数据

咬一口天然的家庭烘焙.2 / (韩) 金廷玹著；漫友文化译. — 广州：广东旅游出版社，2016.4
ISBN 978-7-5570-0351-7

Ⅰ.①咬… Ⅱ.①金…②漫… Ⅲ.①烘焙-糕点加工 Ⅳ.①TS213.2

中国版本图书馆CIP数据核字(2016)第047931号

咬一口天然的家庭烘焙2 （韩）金廷玹／著 漫友文化／译
YAOYIKOU TIANRAN DE JIATING HONGBEI 2

◎出品人：刘志松 ◎责任编辑：何阳 梅哲坤 ◎责任技编：刘振华 ◎责任校对：李瑞苑
◎总策划：金城 ◎策划：肖恩瑜 曾黛琪 郭玲 ◎设计：黄丹君 shiiii

出版发行：广东旅游出版社
地址：广州市天河区五山路483号华南农业大学公共管理学院14号楼三层
邮编：510642
邮购电话：020-87348243
广东旅游出版社图书网：www.tourpress.cn
企划：广州漫友文化科技发展有限公司
印刷：深圳市精彩印联合印务有限公司
地址：深圳市宝安区松白路2026号同康富工业园
开本：787毫米×1092毫米 1/16
印张：5.25
字数：68.8千字
版次：2016年4月第1版
印次：2016年4月第1次印刷
定价：32.00元

与大米饭相比，
我更希望烘焙出的食物像糙米饭一样健康

到现在为止，我烘焙已经10年了。起初做的是放入了很多黄油和砂糖的一般烘焙，但是黄油的价格高，而且烘焙后黄油凝固在器皿上，也特别难清洗。不过自从在网上了解到可以用植物油替代黄油的家庭烘焙后，我在烘焙的时候就不再用黄油。

不放黄油，这一点非常好。不过烘焙之所以对健康有害，不仅仅是因为黄油。我觉得与黄油相比，更大的问题在于大量使用砂糖。平常做饭的时候，哪怕只放一勺糖也会觉得放了很多糖，而烘焙中加入的糖却是它的几十倍，吃起来真的让人很不放心。所以，我就尝试用低聚糖、蜂蜜等代替砂糖来做出甜味。虽然味道比不上放了砂糖的烘焙，但用另外一些材料弥补，吃起来还是非常美味。就这样，一边减少放入对身体有害的材料，一边烘焙，自然而然地，我就用全麦面粉代替了精面粉，并更多地使用时令蔬菜、水果及干果等天然材料。

将平时不常吃的蔬菜做成蛋糕或羊羹当作礼物送人，这样的健康礼物不管是孩子还是大人都非常喜欢。一开始你可能不太适应全麦特有的香味，不过就像习惯了糙米饭之后就会觉得白米饭太单调了一样，相信各位也会爱上健康烘焙的美味。

作者：金廷玹
2015年2月

工具介绍

面包机
适合制作少量面包时使用。

和面机
适合制作大量面包时使用，有搅拌功能，可以用来搅拌制作蛋糕、玛芬的面团以及鲜奶油。

模具
制作玛芬、蛋挞、面包、咕咕霍夫时使用。本书中的配方分量标准为1个1号模具。

铲子
做曲奇或蛋糕和面时使用。也可以用来刮掉粘在容器上的面糊。

擀面杖
制作面包、蛋挞时使用。与木质擀面杖相比，塑料制品更容易清理。

冰淇淋勺
适合将玛芬之类的面团分配均匀时使用。

硅胶垫
制作面包和面时使用。硅胶垫不粘面团，而且容易贴合在工作台上，非常适合制作面包时使用。

电子秤、计量勺、计量杯
这些都是进行精确计量时需要的工具。

打蛋器
用于搅拌各种材料。

材料介绍

芥花籽油

这种油是所有食用油中饱和脂肪酸含量最低的植物油，本书中使用芥花籽油代替黄油。芥花籽油也可以用葡萄籽油、大豆油代替。

可可粉

本书中使用的是无糖可可粉。

果干、坚果

蔓越莓干、葡萄干、杏干、杏仁、腰果、南瓜子、葵花子等可以增加低卡路里烘焙食物的口味。坚果类在购买后用烤箱稍微烤一下再用，味道更佳。

泡打粉、苏打粉、酵母

这些都是起膨胀作用的材料。泡打粉和苏打粉用于制作糕点，酵母用于制作面包。酵母使用的是速溶干酵母。

全麦面粉

本书中不用白面粉，而是用全麦面粉。与白面粉不同，全麦面粉的麦麸和麦芽没有分离，膳食纤维含量丰富，味道也比白面粉更香。

低聚糖、蜂蜜、枫糖浆

本书中用低聚糖、蜂蜜、枫糖浆来代替白糖做出甜味。低聚糖的特点是无色无味，用途广泛。蜂蜜甜度高，有独特的香气。枫糖浆则散发出另一种不同的浓郁的甜味。

牛奶、豆奶

高钙、高蛋白的牛奶和豆奶可以相互替换。

酸奶

本书中使用的是原味酸奶。

鲜奶油

鲜奶油大体分为动物性鲜奶油和植物性鲜奶油，本书中只用了动物性鲜奶油。动物性鲜奶油是没有放化学添加物的天然材料，价格高，味道香。

豆腐

豆腐可以用北豆腐，也可以用南豆腐，用来做盖头的豆腐还是用坚实一点儿的北豆腐比较好。

时令蔬菜和水果

本书中较多地使用了一般烘焙中不常用的莲藕、菠菜、胡萝卜、洋葱、黑豆以及各种时令水果。

黑芝麻

有益于眼睛健康的黑芝麻主要是磨成细粉使用。非常适合用来制作香味浓郁的甜点。

花生酱

富含蛋白质、维他命B3、维他命E、镁等成分的花生酱拥有独特的香味，可以增加烘焙的风味。

盐

本书中使用的盐都是海盐。海盐中富含钙、镁、锌、钾。

酵母

酵母有鲜酵母、干酵母和速溶干酵母。本书中使用的是速溶干酵母，其使用方法和保存方法都非常简单。

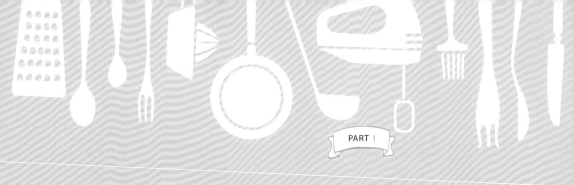

磅蛋糕、玛芬、纸杯蛋糕

|目录|

PART 2

PART 3

蛋糕、蛋挞

冰淇淋、巧克力

PART 1

磅蛋糕、

玛芬、

纸杯蛋糕

南瓜磅蛋糕

烘焙材料

南瓜160克，全麦面粉130克，杏仁粉30克，泡打粉6克，鸡蛋2个，低聚糖120克，牛奶40克，芥花籽油40克，南瓜子仁适量。

1 将南瓜煮熟，捣碎。

2 加入牛奶、低聚糖、芥花籽油混合均匀。

3 打入鸡蛋，搅匀。

4 放入筛过的全麦面粉、杏仁粉、泡打粉，拌匀。

5 将面糊倒入磅蛋糕模具中。

6 撒上南瓜子仁，放入预热至170摄氏度的烤箱中烤40分钟。

蔬菜磅蛋糕

烘焙材料
牛奶80克，植物油61克，低聚糖4茶匙，鸡蛋2个，泡打粉5克，
全麦面粉120克，芦笋2根，玉米粒3茶匙，胡萝卜20克。

1 将胡萝卜、芦笋氽一下备用。

2 将牛奶、植物油、低聚糖混合均匀。

3 打入鸡蛋，搅匀。

放入预热至170摄氏度的烤箱中烤40分钟即完成。

4 放入筛过的全麦面粉、泡打粉，搅拌均匀。

5 加入玉米粒、胡萝卜，拌匀。

6 将面糊倒入磅蛋糕模具中，放上芦笋。

甜菜莲藕
磅蛋糕

烘焙材料

甜菜20克，莲藕少许，芥花籽油40克，鸡蛋2个，全麦面粉120克，低聚糖90克，泡打粉5克，牛奶40克。

1 将甜菜和牛奶一起放入搅拌机中搅碎。

2 加入低聚糖，混合均匀。

3 打入鸡蛋，搅匀。

放入预热至170摄氏度的烤箱中烤40分钟即完成

4 放入芥花籽油。

5 加入筛过的全麦面粉、泡打粉，拌匀。

6 将面糊倒入磅蛋糕模具中，放上莲藕片。

胡萝卜巧克力酱磅蛋糕

烘焙材料

芥花籽油60克，全麦面粉130克，低聚糖80克，鸡蛋1个，牛奶30克，胡萝卜120克，泡打粉4克，牛奶巧克力80克，鲜奶油40克。

1. 将胡萝卜用磨蓉板磨成蓉。

2. 将芥花籽油、低聚糖、牛奶、鸡蛋混合搅匀。

3. 加入筛过的全麦面粉、泡打粉，拌匀。

将巧克力酱倒在烤熟后冷却的磅蛋糕上面即完成。

4. 倒入磨好的胡萝卜蓉，搅匀。

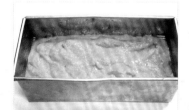

5. 将面糊倒入磅蛋糕模具中，放入预热至170摄氏度的烤箱中烤40分钟。

6. 将鲜奶油加热，加入切碎的巧克力使其溶化，做成巧克力酱。

可可粉大理石
豆腐磅蛋糕

烘焙材料
全麦面粉130克，芥花籽油70克，低聚糖100克，可可粉10克，
鸡蛋2个，泡打粉1茶匙，豆腐100克。

1 将鸡蛋、芥花籽油、低聚糖混合搅匀。

2 豆腐搅碎，拌入。

3 放入全麦面粉、泡打粉，搅匀。

4 将步骤3中的面团平均分成2份，在其中一份里加入可可粉，拌匀。

5 将步骤3中没有加入可可粉的面团和步骤4中的面团各放入一部分到磅蛋糕模具中。

6 用筷子在面糊中搅动2~3下，搅出大理石纹，然后放入预热至170摄氏度的烤箱中烤40分钟。

可可粉
坚果玛芬

烘焙材料
鲜奶油100毫升，低聚糖50克，蜂蜜30克，全麦面粉100克，泡打粉1茶匙，
可可粉10克，坚果适量。

1 将鲜奶油、低聚糖混合搅匀。

2 放入筛过的全麦面粉、泡打粉、可可粉、拌匀。

3 加入蜂蜜，搅匀。

4 将面糊倒入玛芬模具中。

5 在上面放上坚果，放入预热至180摄氏度的烤箱中烤20分钟。

南瓜香蕉磅蛋糕

烘焙材料
鸡蛋2个，全麦面粉140克，牛奶50克，龙舌兰糖浆80克，香蕉120克，泡打粉4克，核桃碎50克，芥花籽油4茶匙，杏仁片适量。

1 将香蕉用叉子捣碎。

2 将鸡蛋、牛奶、龙舌兰糖浆、芥花籽油混合均匀。

3 放入筛过的全麦面粉、泡打粉，拌匀。

4 放入捣碎的香蕉，搅拌均匀。

5 加入核桃碎，搅拌均匀。

6 将面糊倒入磅蛋糕模具中，撒上杏仁片，放入预热至170摄氏度的烤箱中烤40分钟。

酸奶水果磅蛋糕

烘焙材料
芥花籽油45克，酸奶130克，低聚糖110克，全麦面粉150克，泡打粉1.5茶匙、杏、蔓越莓干、南瓜子、橘皮、葡萄干适量。

1 将酸奶、低聚糖混合均匀。

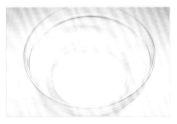

2 加入芥花籽油，搅匀。

3 放入筛过的全麦面粉、泡打粉，搅拌均匀。

4 将杏切碎，与蔓越莓干、南瓜子、橘皮、葡萄干混合。

5 将步骤4中的材料放入面糊中，搅拌均匀。

6 将面糊倒入磅蛋糕模具中，放入预热至170摄氏度的烤箱中烤40分钟。

蓝莓奶油芝士磅蛋糕

烘焙材料

奶油芝士100克，芥花籽油30克，鸡蛋2个，全麦面粉120克，低聚糖60克，泡打粉2克，柠檬汁1茶匙，冷冻蓝莓70克。

1 将奶油芝士置于常温下，用打蛋器打软。

2 加入鸡蛋、低聚糖、芥花籽油，搅拌均匀。

3 滴入柠檬汁，搅匀。

4 放入筛过的的全麦面粉、泡打粉，拌匀。

5 放入冷冻蓝莓，搅匀。

6 将面糊倒入磅蛋糕模具中，放入预热至170摄氏度的烤箱中烤40分钟。

雪莲果
香蕉玛芬

烘焙材料

全麦面粉110克，可可粉10克，龙舌兰糖浆50克，泡打粉1茶匙，芥花籽油40克，鸡蛋1个，牛奶60克，香蕉40克，捣碎的雪莲果30克，另备装饰用的香蕉少许。

1 将香蕉捣碎。

2 加入鸡蛋、牛奶、芥花籽油、龙舌兰糖浆，搅匀。

3 放入筛过的可可粉、全麦面粉、泡打粉，拌匀。

4 放入捣碎的雪莲果，拌匀。

5 将面糊倒入玛芬模具中，在上面摆上香蕉片，放入预热至170摄氏度的烤箱中烤25分钟。

菠菜车达芝士玛芬

烘焙材料

芥花籽油15克，鸡蛋1个，全麦面粉60克，杏仁粉20克，低聚糖50克，牛奶20克，泡打粉2克，菠菜20克，芝士片3片。

1　将菠菜稍微焯一下，沥干水分。

2　将鸡蛋、芥花籽油、低聚糖、牛奶混合搅匀。

3　放入筛过的全麦面粉、杏仁粉、泡打粉，搅匀。

4　放入掰成块儿的芝士片。

5　加入2/3的菠菜，搅拌均匀。

6　将面糊倒入玛芬杯中，在上面放上剩余的菠菜，放入预热至170摄氏度的烤箱中烤27分钟。

红薯豆沙玛芬

烘焙材料

芥花籽油50克，炼乳80克，鸡蛋1个，全麦面粉120克，牛奶60克，泡打粉2克，红薯、豆沙适量。

1 将红薯煮熟后捣碎，放到保鲜膜上，再将豆沙放到红薯上面。

2 用保鲜膜包好，捏成圆球状。

3 将鸡蛋、炼乳、牛奶混合搅匀。

放入预热至170摄氏度的烤箱中烤27分钟。

4 加入芥花籽油，拌匀。

5 放入筛过的全麦面粉、泡打粉，搅拌均匀。

6 将面糊倒入玛芬模具中至一半的位置处，放上步骤2中的面团，然后再倒入面糊盖起来。

洋葱香肠玛芬

烘焙材料

芥花籽油30克，半个洋葱切成丝，香肠1根，全麦面粉140克，泡打粉3克，鸡蛋1个，酸奶130克。

1 将洋葱丝炒软，放凉备用。

2 将酸奶和芥花籽油混合。

3 打入鸡蛋，搅匀。

4 放入筛过的全麦面粉、泡打粉，拌匀。

5 香肠切碎，与步骤1中的洋葱一起放入步骤4中的面粉中，搅匀。

6 将面糊倒入玛芬模具中，放入预热至170摄氏度的烤箱中烤27分钟。

泡菜玛芬

烘焙材料

鸡蛋1个，芥花籽油40克，牛奶100克，蜂蜜1茶匙，全麦面粉140克，泡打粉3克，香油1茶匙，泡菜30克。

1　将泡菜切碎。

2　将鸡蛋、芥花籽油、蜂蜜混合搅匀。

3　加入牛奶、香油，拌匀。

4　放入筛过的全麦面粉、泡打粉，搅匀。

5　加入泡菜，搅拌均匀。

6　将面糊倒入玛芬模具中，放入预热至170摄氏度的烤箱中烤27分钟。

HOME BAKING

蓝莓豆奶
玛芬

烘焙材料

全麦面粉130克，泡打粉1茶匙，苏打粉1/4茶匙，蜂蜜120克，豆奶40克，芥花籽油40克，柠檬汁1茶匙，冷冻蓝莓适量。

1　将豆奶、蜂蜜混合均匀。

2　加入芥花籽油。

3　放入柠檬汁，搅匀。

4　放入筛过的全麦面粉、泡打粉、苏打粉，搅匀。

5　加入冷冻蓝莓，搅匀。

6　将面糊倒入玛芬模具中，放入预热至170摄氏度的烤箱中烤25分钟。

青梅酸奶
杏干玛芬

烘焙材料
芥花籽油50克，低聚糖60克，青梅汁20克，鸡蛋1个，全麦面粉100克，
泡打粉1茶匙，酸奶90克，杏干碎适量。

1 将芥花籽油、青梅汁、低聚糖
混合均匀。

2 打入鸡蛋，搅匀。

3 加入酸奶，搅匀。

4 放入筛过的全麦面粉、泡打
粉，拌匀。

5 放入杏干碎，搅拌均匀。

6 将面糊倒入玛芬模具中，撒上
杏干碎。

放入预热至170摄氏度的
烤箱中烤25分钟。

HOME BAKING

椰蓉草莓酱
玛芬

烘焙材料
鸡蛋1个，椰汁60克，芥花籽油60克，低聚糖130克，全麦面粉140克，
泡打粉1茶匙，草莓酱、椰蓉适量。

1 将芥花籽油、低聚糖混合搅匀。

2 加入椰汁，搅匀。

3 打入鸡蛋，搅匀。

4 放入筛过的全麦面粉、泡打粉，搅拌均匀。

5 将面糊倒入玛芬模具中，放入预热至170摄氏度的烤箱中烤25分钟。

6 将烤熟的玛芬放凉，涂上草莓酱，撒上椰蓉。

苹果碎玛芬

烘焙材料

金宝酥粒：芥花籽油28克，低聚糖28克，花生酱30克，全麦面粉98克。

苹果酱：苹果1个，蜂蜜2茶匙，柠檬汁2茶匙，肉桂粉1茶匙。

玛芬面糊：鸡蛋1个，芥花籽油49克，酸奶100克，低聚糖80克，全麦面粉140克，泡打粉3克。

1 苹果切碎，拌入蜂蜜、柠檬汁，用小火炒。

2 苹果炒软后关火，撒入肉桂粉，拌匀，这样苹果酱就完成了。

3 将花生酱、低聚糖、芥花籽油混合搅匀，放入筛过的全麦面粉，做成金宝酥粒。

放入预热至170摄氏度的烤箱中烤30分钟即完成。

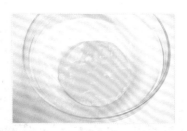

4 将芥花籽油、酸奶、低聚糖、鸡蛋混合搅匀。

5 放入筛过的全麦面粉、泡打粉，打匀。

6 将苹果酱拌入面糊中，把面糊倒入玛芬模具中，撒上金宝酥粒。

山核桃香草玛芬

烘焙材料

全麦面粉150克，泡打粉1/2茶匙，鸡蛋1个，酸奶70克，蜂蜜60克，柠檬汁1茶匙，鲜奶油50克，山核桃30克，1/2个香草荚的籽。

1 将酸奶、鲜奶油、蜂蜜混合均匀。

2 加入柠檬汁，搅匀。

3 打入鸡蛋，搅匀。

4 放入筛过的全麦面粉、泡打粉，打匀。

5 加入捣碎的山核桃和香草荚的籽，拌匀。

6 将面糊倒入玛芬模具中，放入预热至170摄氏度的烤箱中烤25分钟。

黑芝麻
炒面茶玛芬

烘焙材料

全麦面粉100克，龙舌兰糖浆50克，炒面茶20克，泡打粉1茶匙，芥花籽油40克，鸡蛋1个，豆奶60克，黑芝麻1茶匙，用来点缀的黑芝麻少许。

1 将芥花籽油、龙舌兰糖浆混合均匀。

2 加入豆奶，搅匀。

3 打入鸡蛋，搅匀。

4 放入筛过的炒面茶、全麦面粉、泡打粉和黑芝麻，拌匀。

5 将面糊倒入玛芬模具中，在上面撒上黑芝麻。

> 放入预热至170摄氏度的烤箱中烤25分钟即完成。

比萨玛芬

烘焙材料

鸡蛋1个，芥花籽油40克，牛奶100克，番茄酱3茶匙，蜂蜜1茶匙，全麦面粉140克，泡打粉3克，罐头玉米粒2茶匙，洋葱末2茶匙，香肠2根（6等分），芝士片2片，用来点缀的番茄酱少许。

1 将鸡蛋、芥花籽油、蜂蜜混合打匀。

2 加入牛奶，搅匀。

3 放入筛过的全麦面粉、泡打粉，搅匀。

放入预热至170摄氏度的烤箱中烤25分钟即完成。

4 放入番茄酱、玉米粒、洋葱末，拌匀。

5 将面糊盛到玛芬模具中。

6 芝士片剪成大块，和香肠一起摆到上面，挤上番茄酱。

鸡蛋玛芬

烘焙材料
鸡蛋4个，牛奶120克，芥花籽油50克，泡打粉4克，全麦面粉120克，罐头玉米粒40克。

1 将3个鸡蛋煮熟，各切成2半，备用。

2 将牛奶、芥花籽油混合搅匀。

3 打入鸡蛋，搅匀。

4 放入筛过的全麦面粉、泡打粉，搅匀。

5 放入玉米粒，拌匀。

6 将面糊倒入玛芬模具中，放上熟鸡蛋，然后放入预热至170摄氏度的烤箱中烤25分钟。

咖喱蔬菜玛芬

烘焙材料
鸡蛋1个，牛奶120克，芥花籽油50克，泡打粉3克，全麦面粉120克，
咖喱粉20克，胡萝卜1/4根，土豆1/2个，罐头玉米粒2茶匙。

1 将胡萝卜和土豆切碎，炒熟备用。

2 将牛奶、芥花籽油混合均匀。

3 打入鸡蛋，搅匀。

4 放入筛过的全麦面粉、泡打粉，拌匀。

5 放入胡萝卜、土豆、罐头玉米粒、咖喱粉，拌匀。

6 将面糊倒入玛芬模具中，放入预热至170摄氏度的烤箱中烤25分钟。

红薯奶油霜
纸杯蛋糕

烘焙材料

芥花籽油40克，鸡蛋2个，全麦面粉120克，低聚糖90克，泡打粉2克，
牛奶70克，鲜奶油100克，红薯70克。

1 将芥花籽油、低聚糖混合均匀。

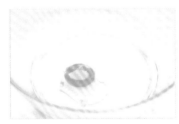

2 加入牛奶、鸡蛋，打匀。

3 放入筛过的全麦面粉、泡打粉，拌匀。

用铲子将奶油霜放到烤熟放凉的玛芬上即完成。

4 将面糊倒入玛芬模具中，放入预热至170摄氏度的烤箱中烤25分钟。

5 将红薯煮熟后捣碎。

6 将红薯与打发的鲜奶油混合，制成奶油霜。

胡萝卜奶油芝士霜纸杯蛋糕

烘焙材料

胡萝卜100克，鸡蛋2个，芥花籽油50克，低聚糖160克，蜂蜜2茶匙，柠檬汁1茶匙，全麦面粉150克，泡打粉1茶匙，苏打粉1茶匙，奶油芝士100克，鲜奶油80克。

1 用磨蓉器将胡萝卜磨成蓉备用。

2 将鸡蛋、芥花籽油、低聚糖、蜂蜜混合搅匀。

3 放入筛过的全麦面粉、泡打粉、苏打粉，搅匀。

将奶油芝士霜放到烤好的玛芬上即完成。

4 放入胡萝卜蓉，拌匀。

5 将面糊倒入玛芬模具中，放入预热至170摄氏度的烤箱中烤25分钟。

6 在室温下的奶油芝士中放入柠檬汁、蜂蜜搅匀，与打发的鲜奶油混合制成奶油芝士霜。

南瓜柚子
奶油纸杯蛋糕

烘焙材料

芥花籽油60克，低聚糖130克，鸡蛋1个，熟南瓜泥100克，牛奶50克，全麦面粉130克，泡打粉2茶匙，鲜奶油100克，柚子蜜饯2茶匙。

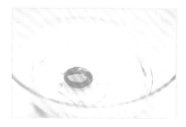

1 将鸡蛋、芥花籽油、牛奶、低聚糖混合打匀。

2 放入筛过的全麦面粉、泡打粉，搅匀。

3 放入南瓜泥，拌匀。

4 将面糊倒入玛芬模具中，放入预热至170摄氏度的烤箱中烤25分钟。

5 将柚子蜜饯放入鲜奶油中打发。

6 将步骤5中的材料放到烤好的玛芬上面即完成。

HOME BAKING

草莓奶油霜
纸杯蛋糕

烘焙材料
全麦面粉160克，芥花籽油40克，牛奶160克，柠檬汁1/2茶匙，蜂蜜40克，泡打粉1茶匙，苏打粉1/4茶匙
草莓奶油霜：鲜奶油100克，蜂蜜10克，草莓粉2茶匙。

1 将芥花籽油、牛奶、柠檬汁、蜂蜜混合均匀。

2 放入筛过的全麦面粉、泡打粉、苏打粉，搅匀。

3 将面糊倒入玛芬模具中，放入预热至170摄氏度的烤箱中烤25分钟。

4 将蜂蜜倒入鲜奶油中打发。

5 在步骤4中的蜂蜜奶油中加入草莓粉，搅匀，制成草莓芝士奶油霜。

6 将草莓奶油霜放在烤好的玛芬上面即完成。

花生酱奶油霜
纸杯蛋糕

烘焙材料
全麦面粉160克，芥花籽油50克，花生酱60克，蜂蜜50克，泡打粉3克，鸡蛋1个，牛奶60克。
花生酱奶油霜：鲜奶油80克，花生酱40克，蜂蜜10克。

1 将芥花籽油、花生酱、蜂蜜混合搅匀。

2 放入鸡蛋、牛奶，打匀。

3 入筛过的全麦面粉、泡打粉，拌匀。

4 将面糊倒入玛芬模具中，放入预热至170摄氏度的烤箱中烤25分钟。

5 将花生酱与蜂蜜混合搅匀。

6 将鲜奶油打发后与步骤5中的材料混合，放在烤好的玛芬上面即完成。

豆腐巧克力奶油橙子纸杯蛋糕

烘焙材料

芥花籽油50克，低聚糖60克，鸡蛋1个，全麦面粉100克，泡打。粉1茶匙，酸奶90克，橙子1/2个，豆腐250克，可可粉30克，蜂蜜3茶匙，杏仁20克。

1 将鸡蛋、酸奶、低聚糖混合搅匀。

2 加入芥花籽油，拌匀。

3 放入筛过的全麦面粉、泡打粉，搅匀。

将豆腐、可可粉、蜂蜜、杏仁用搅拌机一起搅碎，倒在烤好的玛芬上面即完成。

4 将橙子切成大块儿。

5 将步骤4中的橙子块放入步骤3中的材料中，拌匀。

6 将面糊倒入玛芬模具中，放入预热至170摄氏度的烤箱中烤25分钟。

PART 2

蛋糕、
蛋挞

蜂蜜南瓜
芝士蛋糕

烘焙材料
南瓜1个，奶油芝士120克，酸奶70克，蜂蜜3茶匙，鸡蛋1个，
全麦面粉4茶匙，开心果、核桃仁、杏仁少许。

1 将南瓜的上面部分切掉，挖出瓤，用微波炉加热6分钟。

2 将奶油芝士、蜂蜜混合搅匀。

3 放入酸奶、鸡蛋，打匀。

4 放入筛过的全麦面粉，拌匀。

5 将步骤4中的面团放入步骤1中的南瓜中，摆上开心果、核桃仁、杏仁，放入预热至170摄氏度的烤箱中烤40分钟。

南瓜提拉米苏

烘焙材料
全麦卡斯提拉蛋糕1个，奶油芝士100克，南瓜1/4个，蜂蜜2茶匙，
鲜奶油100克，可可粉少许。

1 将鲜奶油打发。

2 将南瓜煮熟后捣碎，放凉。

3 将蜂蜜、奶油芝士加入步骤2
的南瓜中，拌匀。

4 将步骤3中的材料放入打发的
鲜奶油中，混合均匀。

5 将卡斯提拉蛋糕切开放入容器
底部。

6 将步骤4的材料倒入容器中，
撒上可可粉。

南瓜
葵花子仁蛋糕

烘焙材料
全麦面粉110克，泡打粉1/2茶匙，芥花籽油40克，低聚糖100克，牛奶100克，
煮熟的南瓜160克，南瓜子仁、葵花子仁少许。

1 将低聚糖、牛奶混合搅匀。

2 加入芥花籽油，搅匀。

3 将筛过的泡打粉、全麦面粉倒入步骤1中的材料中，拌匀。

4 放入一半煮熟的南瓜，拌匀。

5 将面糊倒入蛋糕模具中。

6 将剩下的南瓜、葵花子仁、南瓜子仁放上，放入预热至170摄氏度的烤箱中烤40分钟。

玉米咕咕霍夫

烘焙材料

芥花籽油60克，全麦面粉100克，玉米面30克，低聚糖80克，鸡蛋2克，牛奶30克，泡打粉3克，罐头玉米粒30克。

1 将芥花籽油、低聚糖混合均匀。

2 打入鸡蛋，搅匀。

3 打入牛奶，搅匀。

4 放入筛过的玉米面、全麦面粉、泡打粉，拌匀。

5 放入罐头玉米粒，拌匀，将面糊倒入咕咕霍夫蛋糕模具中。

放入预热至170摄氏度的烤箱中烤43分钟即完成。

35

苹果肉桂粉蛋糕

(丝带装饰)

烘焙材料

芥花籽油70克，鸡蛋1个，低聚糖80克，蜂蜜20克，全麦面粉70克，杏仁粉20克，肉桂粉1/2茶匙，泡打粉3克，苹果1/2个，葡萄干、南瓜子仁、核桃碎、椰蓉少许。

1 将低聚糖、蜂蜜混合均匀。

2 打入鸡蛋，搅匀。

3 放入筛过的全麦面粉、肉桂粉、杏仁粉、泡打粉，拌匀。

> 放入预热至170摄氏度的烤箱中烤25分钟即完成。

4 加入芥花籽油，搅匀。

5 将苹果切成薄片。

6 将面糊倒入蛋挞模具中，放上苹果片、葡萄干、南瓜子仁、核桃碎、椰蓉。

可丽饼蛋糕

烘焙材料
薄饼面糊：芥花籽油10克，全麦面粉50克，蜂蜜1茶匙，牛奶120克，鸡蛋1个。
奶油馅：鲜奶油130克，蜂蜜1茶匙，切片草莓16片，油少许。

1 将油、鸡蛋、牛奶、蜂蜜混合均匀。

2 放入筛过的全麦面粉拌匀。

3 炒锅预热，加入少许芥花籽油，倒入少许面糊烤成薄饼。

> 将此过程重复3次，最后盖上可丽饼即完成。

4 烤出5张薄饼，放凉。

5 将蜂蜜与鲜奶油混合打发，涂在一张可丽饼上。

6 放上切片草莓。

草莓奶油
夹心蛋糕

烘焙材料

全麦面粉110克，泡打粉1/2茶匙，芥花籽油40克，低聚糖80克，牛奶120克，鲜奶油130克，蜂蜜20克，草莓10颗。

1 将芥花籽油、低聚糖、牛奶混合均匀。

2 放入筛过的全麦面粉、泡打粉，搅匀。

3 将面糊倒入模具中，放入预热至170摄氏度的烤箱中烤30分钟。

4 在鲜奶油中加入蜂蜜，打发，分成2份，放到一半蛋糕上。

5 将部分草莓切成两半放到上面。

6 放上鲜奶油，将剩下的蛋糕盖上，再放上鲜奶油和草莓。

巧克力碎
香蕉蛋糕

烘焙材料
巧克力碎：芥花籽油50克，全麦面粉160克，可可粉10克，低聚糖40克。
蛋糕面糊：芥花籽油30克，酸奶150克，香蕉1.5根，低聚糖110克，
　　　　　全麦面粉104克，泡打粉1茶匙，苏打粉1茶匙。

1 将芥花籽油、低聚糖混合均匀。

2 放入筛过的全麦面粉、可可粉，拌匀，做成巧克力碎。

3 将芥花籽油、酸奶、低聚糖混合搅匀。

4 放入筛过的全麦面粉、泡打粉、苏打粉，拌匀。

5 将香蕉切块放入，拌匀。

6 将面糊倒入模具中，铺上巧克力碎，放入预热至170摄氏度的烤箱中烤35分钟。

生姜蛋糕

烘焙材料

鸡蛋1个，全麦面粉150克，蜂蜜50克，低聚糖80克，酸奶100克，生姜粉8克，泡打粉5克，芥花籽油70克，山核桃、南瓜子仁、葡萄干、椰蓉少许。

1　将低聚糖、蜂蜜、鸡蛋混合打匀。

2　加入酸奶，搅匀。

3　放入芥花籽油，搅匀。

4　放入筛过的全麦面粉、泡打粉、生姜粉，拌匀。

5　将步骤4中的材料倒入面包模具中。

6　在步骤5中的面包上面撒上山核桃、南瓜子仁、葡萄干、椰蓉，放入预热至170摄氏度的烤箱中烤40分钟。

车达芝士
蛋奶酥

烘焙材料
芝士片5片，牛奶150克，鸡蛋2个，全麦面粉40克，
低聚糖70克，芥花籽油10克。

1　将芝士放入加热过的牛奶中，变软后放凉，加入低聚糖、蛋黄，打匀。

2　将蛋清打发。

3　将步骤2中的蛋清放入步骤1中的材料中，搅匀。

4　完成步骤3后，加入筛过的全麦面粉，拌匀。

5　加入芥花籽油，搅匀。

6　将面糊盛到一次性玛芬杯中，放入预热至170摄氏度的烤箱中烤17分钟。

芝麻芝士蛋糕

烘焙材料
黑芝麻10克，奶油芝士160克，鲜奶油130克，酸奶100克，鸡蛋2个，蜂蜜30克，玉米淀粉20克，全麦面粉10克，黑芝麻、白芝麻适量。

1 在奶油芝士中加入蜂蜜，混合均匀。

2 放入酸奶、鲜奶油，搅匀。

3 放入筛过的全麦面粉、淀粉，拌匀。

4 打入鸡蛋，搅匀。

5 放入黑芝麻、白芝麻，拌匀。

6 将面糊倒入模具中，撒上黑芝麻和白芝麻，放入预热至180摄氏度的烤箱中烤25分钟。

炒面茶蛋糕

烘焙材料
鸡蛋2个，全麦面粉45克，炒面茶15克，芥花籽油3茶匙，
低聚糖80克。

1 将两个鸡蛋的蛋黄和蛋清分离，蛋清打成泡沫状。

2 取1/3的蛋清，加入蛋黄、低聚糖，搅匀。

3 加入剩下的蛋清，搅匀。

4 放入筛过的全麦面粉、炒面茶，拌匀。

5 加入芥花籽油，拌匀。

6 将面糊倒入模具中，放入预热至170摄氏度的烤箱中烤30分钟。

43

黑米咕咕
霍夫蛋糕

烘焙材料

芥花籽油60克，低聚糖100克，蜂蜜10克，泡打粉1茶匙，牛奶40克，全麦面粉70克，黑米粉20克，杏仁粉30克，白巧克力50克，葡萄干、蔓越莓干少许。

1 将芥花籽油、低聚糖、蜂蜜混合均匀。

2 加入牛奶、鸡蛋，搅匀。

3 放入筛过的全麦面粉、黑米粉、杏仁粉、泡打粉，拌匀。

4 将面糊倒入咕咕霍夫模具中，放入预热至170摄氏度的烤箱中烤35分钟。

5 将白巧克力熔化。

6 在烤好的蛋糕上撒上白巧克力、葡萄干和蔓越莓干。

豆腐酸奶
蛋奶酥

烘焙材料
豆腐200克，鸡蛋2个，酸奶100克，柠檬汁1茶匙，
低聚糖80克，全麦面粉40克。

1 将2个鸡蛋的蛋清和蛋黄分离，蛋清打成泡沫状。

2 将豆腐、蛋黄、低聚糖、柠檬汁混合，用搅拌机打碎。

3 完成步骤2后在其中加入筛过的全麦面粉，拌匀。

4 放入酸奶，搅匀。

5 加入打成泡沫状的蛋清，搅匀。

6 最后将面糊倒入蛋糕模具中，放入预热至170摄氏度的烤箱中烤40分钟。

豆腐布朗尼

烘焙材料

全麦面粉120克，可可粉30克，低聚糖100克，枫糖浆30克，泡打粉1茶匙，芥花籽油35克，牛奶140克，豆腐100克，黑巧克力60克，葵花子仁、杏仁、核桃仁各少许。

1 将巧克力熔化。

2 将豆腐用搅拌机打碎，放到步骤1中的巧克力中，搅匀。

3 加入低聚糖、枫糖浆、芥花籽油、牛奶，搅匀。

4 放入筛过的全麦面粉、可可粉、泡打粉，拌匀。

5 将面糊盛到模具中。

6 撒上葵花子仁、杏仁、核桃仁，放入预热至180摄氏度的烤箱中烤25分钟。

草莓酸奶
奶油蛋挞

烘焙材料

芥花籽油25克，低聚糖20克，全麦面粉70克，牛奶18克，泡打粉1/4茶匙，酸奶70克，鲜奶油80克，蜂蜜2茶匙，草莓少许。

将面糊放入冰箱冷藏30分钟。

套着袋子擀，面糊就不会粘到擀面杖上。

1 将芥花籽油、牛奶、低聚糖混合均匀。

2 在另一个碗中放入筛过的全麦面粉、泡打粉，搅匀后装到保鲜袋中。

3 冷藏过后，用擀面杖擀平，放入蛋挞机中烤8分钟。

4 在酸奶中加入蜂蜜，搅匀。

5 将鲜奶油打成泡沫，放入步骤1中的材料中，搅匀。

6 在烤好的蛋挞上放上步骤5中的鲜奶油和草莓。

柿子
软芝士蛋挞

烘焙材料

芥花籽油50克，低聚糖80克，全麦面粉140克，杏仁粉30克，泡打粉1/2茶匙，奶油芝士170克，鲜奶油80克，龙舌兰糖浆20克，柿子2个。

1 将芥花籽油、低聚糖混合均匀。

2 放入筛过的全麦面粉、杏仁粉、泡打粉，拌匀后装入保鲜袋中，放到冰箱里冷藏30分钟。

用擀面杖擀平后，放到蛋挞模具中，放入预热至170摄氏度的烤箱中烤25分钟。

3 将奶油芝士、龙舌兰糖浆混合均匀。

4 将鲜奶油打发，放入步骤1中的材料中搅匀。

5 搅匀之后，放到蛋挞上面。

6 将去皮的柿子摆上。

青提
酸奶蛋挞

烘焙材料

芥花籽油50克，低聚糖100克，全麦面粉170克，泡打粉1/2茶匙，奶油芝士170克，鲜奶油80克，酸奶40克，龙舌兰20克，青提适量。

1 将芥花籽油、低聚糖混合均匀。

2 放入筛过的全麦面粉、泡打粉，搅匀后装入保鲜袋中，放入冰箱冷藏30分钟。

3 冷藏过后，用擀面杖擀平，放入蛋挞机中烤8分钟。

4 将常温奶油芝士、龙舌兰糖浆、酸奶混合，加入打发的鲜奶油。

5 将步骤4中的材料放到步骤3中的蛋挞上。

6 摆上青提。

番茄豆腐
奶油蛋挞

烘焙材料

芥花籽油50克，低聚糖80克，全麦面粉140克，杏仁粉30克，泡打粉1/2茶匙，豆腐100克，鲜奶油100克，蜂蜜3茶匙，番茄1.5个。

用擀面杖擀平后放入蛋挞模具中，放入预热至170摄氏度的烤箱中烤25分钟。

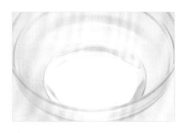

1 将芥花籽油、低聚糖混合。

2 放入筛过的全麦面粉、杏仁粉、泡打粉，搅匀后装入保鲜袋中，放入冰箱冷藏30分钟。

3 将豆腐、蜂蜜放入搅拌机，打成浆。

4 将鲜奶油打发，放入步骤3中的蜂蜜豆腐浆中，拌匀。

5 拌匀之后，放到蛋挞上。

6 放上切好的番茄。

巧克力豆腐
奶油蛋挞

烘焙材料

芥花籽油50克，低聚糖40克，全麦面粉120克，泡打粉1/4茶匙，豆腐250克，可可粉30克，蜂蜜3茶匙，杏仁粉20克。

1 将豆腐用开水氽一下，沥干水分。

2 将芥花籽油、低聚糖混合。

3 放入筛过的全麦面粉、泡打粉，搅拌均匀后装入保鲜袋中，放入冰箱冷藏30分钟。

4 将步骤2中的材料用擀面杖擀平后放到蛋挞模具中，放入预热至170摄氏度的烤箱中烤25分钟。

5 在搅拌机中放入步骤1中的豆腐和可可粉、蜂蜜、杏仁粉，搅匀。

6 搅匀之后，放到蛋挞上。

黑豆芝士派

烘焙材料
芥花籽油50克，低聚糖100克，全麦面粉180克，泡打粉1/2茶匙，奶油芝士200克，龙舌兰糖浆40克，黑豆60克，鸡蛋1个，柠檬汁1茶匙。

1　将黑豆煮熟，沥干水分。

2　将芥花籽油、低聚糖混合均匀。

3　放入筛过的全麦面粉、泡打粉，搅拌均匀后装入保鲜袋中，放入冰箱冷藏30分钟。

4　将奶油芝士、龙舌兰糖浆、柠檬汁混合搅匀。

5　打入鸡蛋，搅匀。

放入预热至170摄氏度的烤箱中烤30分钟即完成。

6　将步骤3中的面团用擀面杖擀平，放到派模具中，然后放上步骤1中的黑豆和步骤5中搅匀的鸡蛋。

雪莲果糖稀
巧克力蛋挞

烘焙材料

糖稀45克，芥花籽油50克，全麦面粉150克，泡打粉1/4茶匙，雪莲果1个。
巧克力杏仁奶油：豆奶4茶匙，植物油3茶匙，淀粉1茶匙，食醋2茶匙，
　　　　　　　糖稀5茶匙，可可粉1茶匙，杏仁粉55克。

1 将芥花籽油、糖稀混合均匀。

2 放入筛过的全麦面粉、泡打粉，搅拌均匀后装入保鲜袋中，放到冰箱中冷藏30分钟。

3 冷藏后，用擀面杖擀平，然后放到派模具中。

4 将巧克力杏仁奶油的所有材料混合搅匀。

5 将步骤4中的材料放到派上。

6 放上雪莲果片，放入预热至170摄氏度的烤箱中烤35分钟。

核桃派

烘焙材料

芥花籽油50克，低聚糖100克，全麦面粉180克，泡打粉1/2茶匙，鸡蛋1个，蜂蜜1茶匙，橄榄油1茶匙，牛奶2茶匙，肉桂粉少许，核桃仁适量。

1 将芥花籽油、牛奶、低聚糖混合均匀。

2 放入筛过的全麦面粉、泡打粉，搅拌均匀后装入保鲜袋中，放到冰箱中冷藏30分钟。

3 冷藏后，用擀面杖擀平，然后放到派模具中，放入预热至170摄氏度的烤箱中烤15分钟。

4 将鸡蛋、蜂蜜、橄榄油混合搅匀。

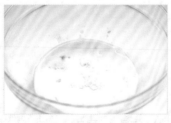

5 放入牛奶、肉桂粉，拌匀。

6 将步骤5中的材料和核桃仁放到烤好的派上，放入预热至170摄氏度的烤箱中烤20分钟。

PART 3

冰淇淋、

巧克力

胡萝卜
冰淇淋

烘焙材料
鲜奶油150克，酸奶150克，胡萝卜60克，蜂蜜2茶匙，低聚糖6茶匙。

1 将胡萝卜煮熟，放入搅拌机与蜂蜜、酸奶一起打碎。

2 将鲜奶油打发。

3 将步骤1中的材料和步骤2中的鲜奶油混合搅匀。

4 加入低聚糖，拌匀。

5 拌匀之后，倒入容器中，放进冰箱冷冻起来。

6 冷冻过程中用叉子搅拌几次。

红薯冰淇淋

烘焙材料

红薯200克，牛奶400毫升，蜂蜜4茶匙，鲜奶油100克。

1 将红薯煮熟后捣碎，加入蜂蜜拌匀。

2 将鲜奶油打发。

3 将步骤1中的红薯泥和步骤2的鲜奶油混合。

4 加入牛奶，搅匀。

5 搅匀后，倒入容器中，放到冰箱冷冻起来。

6 冷冻过程中用叉子搅拌几次。

花生冰淇淋

烘焙材料
花生酱100克，牛奶240克，蜂蜜60克，鲜奶油150克。

1 将花生酱、蜂蜜混合搅匀。

2 将鲜奶油打发。

3 将步骤1中的材料和步骤2中的鲜奶油混合。

4 加入牛奶，搅匀。

5 搅匀之后倒入容器中，放进冰箱冷冻起来。

6 冷冻过程中用叉子搅拌几次。

豆粉枫糖浆
山核桃
冰淇淋

烘焙材料
炒豆粉30克，枫糖浆50克，鲜奶油150克，牛奶200克，山核桃碎50克。

1 将鲜奶油打发。

2 将炒豆粉、枫糖浆、牛奶混合均匀。

3 将步骤1中的鲜奶油和步骤2中的材料混合。

4 混合之后，倒入容器中，放进冰箱冷冻起来。

5 冷冻过程中用叉子搅拌几次。

6 加入山核桃碎，拌匀。

豆腐可可
冰淇淋

烘焙材料
豆腐130克，牛奶250克，淀粉10克，可可粉30克，低聚糖90克，食醋1/2茶匙。

1　将豆腐放到滴有食醋的开水中焯一下。

2　在搅拌机中放入豆腐、可可粉、低聚糖、牛奶、淀粉，打成浆。

3　放入锅中煮开。

4　煮开后，倒入容器中，放进冰箱冷冻起来。

5　冷冻过程中用叉子搅拌几次。

柿子酸奶
冰淇淋

烘焙材料
软柿子200克，酸奶150克，鲜奶油80克，蜂蜜3茶匙。

1　将鲜奶油打发。

2　将柿子去皮，过筛。

3　在步骤2中的柿子泥中加入酸奶，搅匀。

冷冻过程中用叉子搅拌几次。

4　将步骤1中的鲜奶油和步骤3中的酸奶混合，搅拌均匀。

5　放入蜂蜜，搅匀。

6　搅匀之后，倒入容器中，放进冰箱冷冻起来。

蓝莓酸奶
冰淇淋

烘焙材料
蓝莓200克，鲜奶油120克，牛奶70克，龙舌兰糖浆30克，炼乳20克。

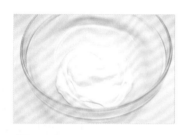

1 将鲜奶油打发。

2 将蓝莓、炼乳放入搅拌机内打成浆。

3 将步骤1中的鲜奶油放入步骤2中的材料中，搅匀。

4 加入龙舌兰糖浆、牛奶，搅匀。

5 搅匀之后，倒入容器中，放进冰箱冷冻起来。

6 冷冻过程中用叉子搅拌几次。

香草冰淇淋

烘焙材料

牛奶250克，1/2个香草荚的籽，低聚糖100克，蛋黄2个，鲜奶油100克，淀粉2茶匙。

1 将蛋黄、低聚糖、香草荚的籽、牛奶、淀粉混合煮开，放凉。

2 将鲜奶油打发。

3 将步骤1中的材料放入步骤2中的鲜奶油中，混合均匀。

冷冻过程中用叉子搅拌几次。

4 加入低聚糖，搅拌均匀。

5 搅拌之后，倒入容器中，放进冰箱冷冻起来。

黑米冰淇淋

烘焙材料
黑米粉3茶匙，鲜奶油200克，牛奶130克，蜂蜜5茶匙。

1 在黑米粉中加入牛奶50克、蜂蜜，煮开。

2 将鲜奶油打发。

3 将步骤1中的材料放入步骤2中的鲜奶油中，拌匀。

4 加入剩下的牛奶，拌匀。

5 拌匀后，倒入容器中，放进冰箱冷冻起来。

6 冷冻过程中用叉子搅拌几次。

64

玉米冰淇淋

烘焙材料
牛奶200克，鲜奶油200克，罐头玉米粒200毫升，蜂蜜4茶匙。

1 将鲜奶油打发。

2 将玉米粒、牛奶放入搅拌机打成浆。

3 将步骤1中的鲜奶油放入步骤2中的材料中，混合均匀。

4 加入蜂蜜，搅匀。

冷冻过程中用叉子搅拌几次。

5 搅匀后，倒入容器中，放进冰箱冷冻起来。

黑芝麻白松露
巧克力

烘焙材料
白巧克力140克，鲜奶油30克，黑芝麻粉1茶匙，用来点缀的黑芝麻粉少许。

1 将白巧克力捣碎。

2 将鲜奶油加热。

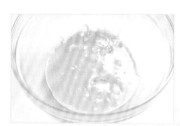

3 将步骤2中的鲜奶油放入步骤1中的白巧克力中，搅匀。

4 放入黑芝麻粉，搅拌均匀。

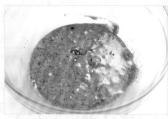

5 置于常温下使其凝固。

6 捏成圆球，裹上黑芝麻粉。

吉利莲

烘焙材料
黑巧克力120克，白巧克力20克。

1 将白巧克力熔化。

2 将黑巧克力熔化。

3 将黑巧克力装入裱花袋中。

4 在巧克力模具上涂一层薄薄的
白巧克力。

5 挤入黑巧克力，放入冰箱冷冻
使其凝固。

双层
巧克力蘑菇

烘焙材料
香蕉巧克力50克，草莓巧克力50克，黑巧克力100克，饼干条少许。

1 将巧克力熔化，装入裱花袋中。

2 在巧克力蘑菇模具A中放入香蕉巧克力。

3 在巧克力蘑菇模具B中放入草莓巧克力。

4 在两种巧克力蘑菇模具中放入黑巧克力。

5 插上饼干条，放入冰箱冷冻使其凝固。

松露巧克力

烘焙材料
黑巧克力200克，鲜奶油90克，可可粉少许。

1 将鲜奶油加热。

2 放入捣碎的黑巧克力，使其熔化。

3 在容器中铺上保鲜膜。

4 将熔化的巧克力倒在步骤3中的容器中，冷却凝固。

5 切成小块儿，蘸上可可粉。

杏仁
巧克力球

烘焙材料
杏仁60克，牛奶巧克力110克，可可粉少许。

1 将杏仁稍微烤一下。

2 将牛奶巧克力熔化。

3 将步骤1中的杏仁放入步骤2中的牛奶巧克力中，混合均匀。

4 冷却凝固。

5 将杏仁一个一个地掰开。

6 蘸上可可粉。

红薯坚果
巧克力

烘焙材料

红薯2个，杏仁20克，核桃仁20克，黑巧克力100克，
南瓜子仁、杏仁片等用来装点的坚果少许。

1 将红薯煮熟捣碎。

2 将黑巧克力熔化。

3 将杏仁、核桃仁捣碎。

4 将步骤3中的材料放入步骤1中
的红薯中，拌匀，捏成圆形。

5 将步骤2中的黑巧克力裹到步
骤4中的红薯上，点缀上南瓜
子仁、杏仁片。

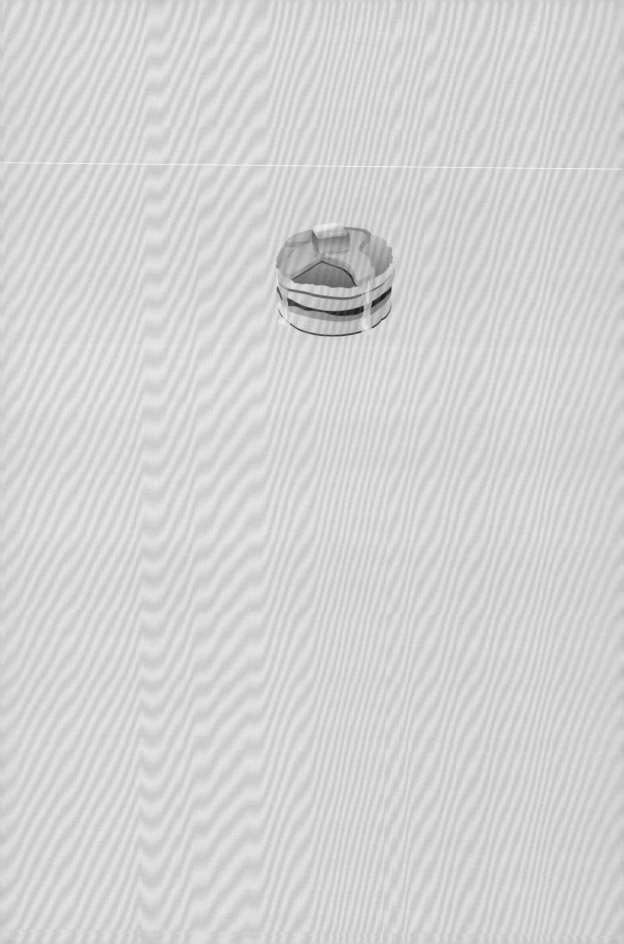